BEI GRIN MACHT SICH IHR
WISSEN BEZAHLT

- Wir veröffentlichen Ihre Hausarbeit,
  Bachelor- und Masterarbeit

- Ihr eigenes eBook und Buch -
  weltweit in allen wichtigen Shops

- Verdienen Sie an jedem Verkauf

Jetzt bei www.GRIN.com hochladen
und kostenlos publizieren

Bibliografische Information der Deutschen Nationalbibliothek:

Die Deutsche Bibliothek verzeichnet diese Publikation in der Deutschen National-bibliografie; detaillierte bibliografische Daten sind im Internet über http://dnb.d-nb.de/ abrufbar.

Dieses Werk sowie alle darin enthaltenen einzelnen Beiträge und Abbildungen sind urheberrechtlich geschützt. Jede Verwertung, die nicht ausdrücklich vom Urheberrechtsschutz zugelassen ist, bedarf der vorherigen Zustimmung des Verlages. Das gilt insbesondere für Vervielfältigungen, Bearbeitungen, Übersetzungen, Mikroverfilmungen, Auswertungen durch Datenbanken und für die Einspeicherung und Verarbeitung in elektronische Systeme. Alle Rechte, auch die des auszugsweisen Nachdrucks, der fotomechanischen Wiedergabe (einschließlich Mikrokopie) sowie der Auswertung durch Datenbanken oder ähnliche Einrichtungen, vorbehalten.

Impressum:

Copyright © 2003 GRIN Verlag, Open Publishing GmbH
Druck und Bindung: Books on Demand GmbH, Norderstedt Germany
ISBN: 9783640860722

Dieses Buch bei GRIN:

http://www.grin.com/de/e-book/65955/verschiedene-moeglichkeiten-der-einfueh-rung-von-aehnlichkeitslehre-9

Susanne Hauk

Verschiedene Möglichkeiten der Einführung von Ähnlichkeitslehre (9. Klasse) und Integralrechnung (12. Klasse)

GRIN Verlag

GRIN - Your knowledge has value

Der GRIN Verlag publiziert seit 1998 wissenschaftliche Arbeiten von Studenten, Hochschullehrern und anderen Akademikern als eBook und gedrucktes Buch. Die Verlagswebsite www.grin.com ist die ideale Plattform zur Veröffentlichung von Hausarbeiten, Abschlussarbeiten, wissenschaftlichen Aufsätzen, Dissertationen und Fachbüchern.

Besuchen Sie uns im Internet:

http://www.grin.com/

http://www.facebook.com/grincom

http://www.twitter.com/grin_com

Humboldt-Universität zu Berlin
Institut für Mathematik
HS Mathematik und Unterricht
WS 2002/2003

BELEGARBEIT

Name: Susanne Hauk

Sitzungsthema: **Vergleich alternativer Wege zur Einführung klassischer Themen:**

Reihenfolge der Einführung bei:

- Aufbau der Ähnlichkeitslehre:

  Zentrische Streckung – Strahlensätze

- Integralrechnung:

  Integralfunktion/Flächeninhalt – Stammfunktion

Inhaltsverzeichnis

1 Einleitung

Für mein Referatsthema "Vergleich alternativer Wege zur Einführung klassischer Themen" habe ich mich mit der Reihenfolge der Einführung beim Aufbau der Ähnlichkeitslehre: Zentrische Streckung – Strahlensätze (Klasse 9) und der Integralrechnung: Integralfunktion/Flächeninhalt – Stammfunktion (Klasse 12) beschäftigt.

Da im Rahmenplan bei diesen Themen die Reihenfolge der Einführung freigestellt ist, muss sich der Lehrer bzw. die Lehrerin[1] für einen Weg entscheiden. Dazu sollte er mögliche Wege kennen und bewusst einen von ihnen auswählen.

Ich werde für beide Themen je zwei Wege darstellen und darüber reflektieren.

2 Aufbau der Ähnlichkeitslehre

Die Ähnlichkeitslehre ist Thema der 9. Klasse. In Hauptschulen und Grundkursen der Gesamtschulen stehen für die Strahlensätze 15 Stunden, in Realschulen und Erweiterungskursen der Gesamtschulen, Gymnasien und Fortgeschrittenenkursen der Gesamtschulen 18 Stunden zur Verfügung.

Zuvor werden u.a. Wurzeln und die Satzgruppe des Pythagoras im Unterricht behandelt.

Für die Einführung in die Ähnlichkeitslehre gibt es verschiedene Möglichkeiten. Hauptsächlich besteht die Alternative, mit den Strahlensätzen oder der zentrischen Streckung zu beginnen.

Meistens wird die zentrische Streckung zwischen Strahlensätzen und Ähnlichkeitssätzen eingefügt, da die Strahlensätze einen einfachen Zugang zu den Eigenschaften der Abbildung und eine Beweismöglichkeit für die Sätze über zentrische Streckung verschaffen. Des Weiteren ist der Ablauf flüssiger, da nach den Strahlensätzen, die zentrische Streckung und darauf die Ähnlichkeitsabbildung und Ähnlichkeitssätze folgen, die wiederum über die zentrische Streckung definiert sind. Im didaktischen Sinne wäre es allerdings konsequent, den Abbildungsbegriff an den Anfang zu stellen. Die Strahlensätze sind dann integrierter Bestandteil in der Behandlung der zentrischen Streckung. Allerdings muss der 1. Strahlensatz oder die Eigenschaften der zentrischen Streckung in den Anfang eingebaut werden, um Streckenmultiplikation nicht nur rechnerisch zu ermitteln, sondern zentrische Streckung auch ausführen zu können. Das Problem der Irrationalität wird überschaubarer und aus dem Zusammenhang mit der Abbildung herausgelöst *(H. Meschkowski 1972, S. 256)*. Für den Beginn mit der zentrischen Streckung sprechen ihr dynamischer Charakter sowie die Kontinuität des Gesamtaufbaus der Geometrie, die es nahe legt, auf die Kongruenzabbildungen eine Ähnlichkeitsabbildung folgen zu lassen. Dagegen spricht, dass sich die Eigenschaften der Streckung dann nicht ohne eine Grundannahme, z.B. der Geradentreue, begründen lassen, so dass man im Unterricht empirisch vorgehen muss.

(http://blk.mat.uni-bayreuth.de/~thomas/geosem/zentr/seite2.htm)

Im Folgenden stelle ich zunächst den Weg über die Strahlensätze zur zentrischen Streckung und anschließend die umgekehrte Richtung dar.

---

[1] Im Folgenden werde ich ausschließlich die maskuline Form verwenden, meine aber beide Geschlechter.

2.1 Strahlensätze – Zentrische Streckung

Als Einstieg könnte man den Schülern und Schülerinnen[1] die Aufgabe stellen, eine Strecke $\overline{AB}$ (oder Zuckerstange), ohne zu messen, in drei kongruente Teilstrecken zu zerlegen. Eine Strecke zu halbieren, ist den Schülern geläufig, aber die Zerlegung in drei kongruente Teilstrecken ist zunächst ein Problem. Vielleicht hat aber der eine oder andere Schüler eine Idee. Der Lehrer kann die Schüler lenken, indem er fragt, ob man eine Strecke kennt, die aus drei kongruenten Teilstrecken (Einheitsstrecken) besteht. An die Strecke $\overline{AB}$ wird vom Punkt A ausgehend ein Strahl $\overline{AH}$ angetragen, der aus drei kongruenten Teilstrecken besteht. Der Punkt B wird mit dem Punkt H verbunden und diese Strecke parallel verschoben, so dass die Strecke $\overline{AB}$ mithilfe des angetragenen Strahls in drei kongruente Teilstrecken zerlegt wird. Dies wird an dieser Stelle mithilfe des Kongruenzsatzes WSW (Stufenwinkel an Parallelen) und der Definition des Parallelogramms bewiesen.

Mit dieser Methode können die Schüler nun Strecken im Verhältnis 1:4; 2:3; 5:2; 1,5; 0,6; usw. teilen. Dabei ist das Streckenverhältnis der Quotient der Maßzahlen der Streckenlängen (bei gleicher Maßeinheit). Anschließend können Aufgaben gestellt werden, die auf die Lösung der Gleichung der Form 9:6 = 5:x führen.

<u>Nun folgt die Strahlensatzfigur:</u>

> *Zwei Strahlen, die vom selben Punkt S ausgehen, werden von zwei parallelen Geraden geschnitten (nicht in S).*

Im Einstiegsproblem verstecken sich bereits der 1. und 2. Strahlensatz. An dieser Stelle können sie nun formuliert werden:

<u>1. Strahlensatz:</u>

> *In einer Strahlensatzfigur haben die Abschnitte auf dem einen Strahl und die entsprechenden Abschnitte auf dem anderen Strahl das gleiche Streckenverhältnis.*

<u>2. Strahlensatz:</u>

> *In einer Strahlensatzfigur haben die von S aus gemessenen Abschnitte auf einem Strahl und die entsprechenden Abschnitte auf den Parallelen das gleiche Streckenverhältnis.*

Der Beweis des 2. Strahlensatzes kann als Anwendung des 1. Strahlensatzes erfolgen. Der 1. Strahlensatz kann durch Suchen eines gemeinsamen Maßes für je zwei Strecken bewiesen werden, was auf das Einstiegsproblem der n-Teilung zurückführt. Dabei wird die Aussage: *Wenn Parallelen aus einer Geraden g gleich lange Strecken herausschneiden, dann schneiden sie aus jeder anderen Geraden h ebenfalls gleich lange Strecken heraus* (Anwendung der Kongruenzsätze) benutzt *(Hahn/Dzewas 1991, S. 11f)*.

Die Frage an dieser Stelle ist, ob zwei Strecken immer ein gemeinsames Maß haben, also der Strahlensatz auch für irrationale Verhältnisse gilt. Der Beweis kann mithilfe einer Intervallschachtelung geführt werden.

---

[1] Im Folgenden werde ich ausschließlich die maskuline Form verwenden, meine aber beide Geschlechter.

These: Es ist nicht notwendig, in der Schule Beweise für die Sätze über zentrische Streckung und für die Strahlensätze für irrationale Verhältnisse zu betrachten, da diese sehr kompliziert sind und die Sätze auch für irrationale Verhältnisse gültig bleiben.

Im Seminar gab es keine Reaktion auf diese These. Laut Rahmenplan ist es wirklich möglich, die Flächeninhaltsformel für Rechtecke mit irrationalem Seitenverhältnis im Lernabschnitt "Reelle Zahlen und Wurzeln" oder im Lernabschnitt "Satzgruppe des Pythagoras" zu erörtern. Man muss dies also nicht im Zusammenhang mit den Strahlensätzen behandeln. Den Schülern sollte aber klar sein, dass inkommensurable Strecken zwar nicht messbar, aber konstruierbar sind (mithilfe der Satzgruppe des Pythagoras) und die Strahlensätze dennoch gelten.

These: Da das Erkennen gleicher Streckenverhältnisse durch das Anwenden der Strahlensätze im Vordergrund steht, nicht das Umformen von Verhältnisgleichungen oder gar das schriftliche Rechnen mit Dezimalbrüchen, kann man die Schüler mit relativ einfachem Zahlenmaterial die entstehenden Verhältnisse im Kopf lösen lassen.

Auch auf diese These gab es keine Rückmeldung im Seminar. Ich selbst stimme dieser These nicht ganz zu. Ich denke, dass man mit etwas schwierigerem Zahlenmaterial erreichen kann, dass die Verhältnisse nicht sofort ablesbar sind. Dadurch können das Umformen und schriftliche Rechnen weiter geübt und angewendet werden.

Nach einer Übungsphase zu den beiden Strahlensätzen sollte die Frage nach der Umkehrbarkeit beider Sätze gestellt werden. Zur Beweismotivation der Umkehrung des 1. Strahlensatzes wird die Nichtumkehrbarkeit des 2. Strahlensatzes gezeigt. Der Beweis der Umkehrung des 1. Strahlensatzes ist zudem wichtig für die zentrische Streckung (Geraden- und Parallelentreue).

Umkehrung des 1. Strahlensatzes:

Zwei Strahlen, die von einem Punkt S ausgehen, werden von zwei Geraden g und g' geschnitten. Wenn die Abschnitte auf dem einen Strahl und die entsprechenden Abschnitte auf dem anderen Strahl das gleiche Streckenverhältnis haben, dann sind g und g' parallel.

These: Durch die Umkehrbarkeit des 1. Strahlensatzes, aber Nicht-umkehrbarkeit des 2. Strahlensatzes wird bei den Schülern die Überzeugung gefestigt, dass alle mathematischen Aussagen bewiesen werden müssen, bevor man von ihrer Wahrheit überzeugt sein kann.

Zu dieser These gab es die Anmerkung, dass sie sehr schön sei, da man eine Aussage auch ohne konkretes Gegenbeispiel widerlegen kann. Des Weiteren zeigt die Nichtumkehrbarkeit des 2. Strahlensatzes und Umkehrbarkeit des 1. Strahlensatzes, dass es nötig ist, Vermutungen zu beweisen, um von der Gültigkeit überzeugt sein zu können.

Um zur zentrischen Streckung überzuleiten, könnte man die Schüler vor das Problem stellen, ein Dreieck zu vergrößern (oder "aufzublasen"). Dazu können sie die Verhältnisse der Strahlensätze nutzen (d.h. $\overline{SA} : \overline{SA'} = \overline{SB} : \overline{SB'}$ usw.) und die Voraussetzung der Strahlensatzfigur, indem sie vom Punkt S aus Strahlen durch die Eckpunkte des Dreiecks ziehen. Die jeweiligen Verhältnisse werden mit $|k|$ bezeichnet: $\overline{SA} : \overline{SA'} = |k|$, $\overline{SB} : \overline{SB'} = |k|$ usw.. Somit gelangt man zur Definition der zentrischen Streckung.

Definition:

> *Eine Abbildung der Ebene auf sich heißt zentrische Streckung vom Zentrum S mit dem Streckfaktor k, wenn jedem Punkt P ein Bildpunkt P' so zugeordnet ist, dass gilt:*
> *1. S ist Fixpunkt der Abbildung.*
> *2. Ist P ≠ S, so liegt das Bild P' von P auf der Geraden durch S und P.*
> *3. $\overline{SP'} = |k| \cdot \overline{SP}$, zunächst k > 0.*

Die Beweise für die Eigenschaften der zentrischen Streckung sind Anwendungen der Strahlensätze.

Geraden- und Parallelentreue (folgt aus der Umkehrung des 1. Strahlensatzes):

> *Bei einer zentrischen Streckung ist das Bild einer Geraden g eine zu g parallele Gerade g'.[2]*

Winkeltreue (folgt aus der Geradentreue und Stufenwinkel an Parallelen):

> *Die zentrische Streckung bildet jeden Winkel auf einen gleichsinnig kongruenten Winkel ab.[2]*

Streckenverhältnis Bild- und Originalstrecke (folgt aus dem 2. Strahlensatz):

> *Die zentrische Streckung bildet jede Strecke auf eine dazu parallele Strecke von k-facher Länge ab.[2] $\overline{P'Q'} = |k| \cdot \overline{PQ}$*

Verhältnistreue (folgt aus dem 2. Strahlensatz):

> *Die zentrische Streckung verändert beim Abbilden keine Verhältnisse.[2]*

Die Behandlung der zentrischen Streckung für k < 0 führt auf die Strahlensätze für sich schneidende Geraden.

---

[2] http://www.sesama.de/MKI/FM09/Geometrie/ZentrischeStreckungEinfueh.pdf

2.2 Zentrische Streckung – Strahlensätze

Um zur Definition der zentrischen Streckung zu gelangen, könnte der Einstieg über anschauliche Vorgänge wie Vergrößerungen und Verkleinerungen erfolgen, z.B. von Landkarten oder Fotografien. Man könnte den Schülern auch die Aufgabe stellen, ein Verfahren zur Vergrößerung eines Rechtecks zu suchen. Dabei finden die Schüler Wege, Seiten oder Diagonalen mit einem Faktor zu multiplizieren. Bei Variation der Figuren, Verlegung des Abbildungszentrums, Vergleich der Bildfiguren bei gleichem Streckfaktor gelangt man zu einer Definition der Abbildung (siehe 2.1). *(H. Meschkowski 1972, S. 257)*

Bisher können die Schüler die zentrische Streckung nicht konstruieren, sondern nur für k $\notin$ IR den Abstand der Bildpunkte vom Zentrum errechnen. Deshalb braucht man an dieser Stelle die Eigenschaften der zentrischen Streckung. Als erstes folgt die Geraden- und Parallelentreue. Man kann die Schüler zunächst verunsichern, indem man zwei nichtparallele Geraden einzeichnet (g soll zentrisch gestreckt werden, ist g' Bild von g?). Es wird dann bewiesen, dass die Geraden parallel sein müssen.

Anschließend folgt der Satz:

> *Geraden durch S sind Fixgeraden.*

Nun ist es möglich, eine Aufgabe wie die folgende zu stellen:

> *Strecke das △ ABC mit der durch S, P und P' angegebenen zentrischen Streckung.*

Danach folgt die Winkeltreue (wegen Geraden- und Parallelentreue sind entsprechende Schenkel parallel), dann das Streckenverhältnis Bild- und Originalstrecke (möglicher Beweis: Dreiecke zu Parallelogrammen ergänzen).

An dieser Stelle können die Schüler Teilungsaufgaben mithilfe der zentrischen Streckung lösen: z.B.:

> *Eine Strecke soll in n kongruente Teilstrecken zerlegt werden, wobei der Streckungsfaktor k vorgegeben ist.*

Durch die Verhältnistreue können Gleichungen wie 7:9 = x:4 zeichnerisch gelöst werden.

Die Strahlensätze können nun als Sonderfälle der Verhältnistreue eingeführt werden. (1. Strahlensatz als Umkehrung der Geradentreue der zentrischen Streckung.)

3 Integralrechnung

Die Integralrechnung ist Thema der 12. Klasse im 1. Halbjahr. Für den Grundkurs stehen für dieses Thema 25 und für den Leistungskurs 30 Stunden zur Verfügung.
Es wird an die Differentialrechnung, die in der 11. Klasse behandelt wird, angeknüpft. Im Mittelpunkt der Integralrechnung stehen Flächeninhaltsberechnungen, die Stammfunktion und der Hauptsatz der Differential- und Integralrechnung.

Für die Einführung der Integralrechnung gibt es hauptsächlich die Möglichkeiten, mit der Integralfunktion (Flächeninhalt) oder mit der Stammfunktion (als Umkehrung der Differentiation) zu beginnen. Meistens wird der Weg über den Flächeninhalt gewählt.

In der folgenden Tabelle sind beide Wege dargestellt:

Integralfunktion/Flächeninhalt – Stammfunktion	Stammfunktion – Integralfunktion/Flächeninhalt
1. Das bestimmte Integral - Flächeninhalt - Definition des bestimmten Integrals - Existenz des bestimmten Integrals (Monotonie, Stetigkeit) *Eigenschaften:* - Linearität: *Faktorregel, Summenregel* - Änderung der Grenzen: *Übereinstimmung- und Vertauschung der Integrationsgrenzen, Intervalladditivität* - Mittelwertsatz **2. Stammfunktion** - bestimmtes Integral als Funktion mit unterer Grenze - Stammfunktion, unbestimmtes Integral - Integrationskonstante **3. Hauptsatz der Differential- und Integralrechnung** - **Hauptsatz der Differential- und Integralrechnung**	**1. Stammfunktion** - Definition Stammfunktion - Integrationskonstante - Definition unbestimmtes Integral **2. Das bestimmte Integral** - Flächeninhalt - Definition des bestimmten Integrals - Existenz des bestimmten Integrals (Monotonie, Stetigkeit) *Eigenschaften:* - Linearität: *Faktorregel, Summenregel* - Änderung der Grenzen: *Übereinstimmung- und Vertauschung der Integrationsgrenzen, Intervalladditivität* - Mittelwertsatz **3. Hauptsatz der Differential- und Integralrechnung** - bestimmtes Integral als Funktion mit unterer Grenze - **Hauptsatz der Differential- und Integralrechnung**

Bei der Entscheidung für einen dieser Wege sollte man sich überlegen, ob man den Flächeninhalt (Integralfunktion) oder die Stammfunktion als Umkehrung der Differentiation in den Mittelpunkt der Integralrechnung stellen möchte.
Wenn mit der Stammfunktion begonnen wird, hat man eine gute Überleitung von der Differentialrechnung. Allerdings geht es nicht so flüssig weiter, da das bestimmte Integral wie beim Weg über den Flächeninhalt eingeführt wird. Man greift auf den Stammfunktionsbegriff erst zurück, wenn es um das bestimmte Integral als Funktion mit unterer Grenze und der Zusammenhang zwischen bestimmtem Integral und der Stammfunktion hergestellt wird.
Beim Weg über den Flächeninhalt kommt der Stammfunktionsbegriff erst nach dem bestimmten Integral, und es kann somit gut zum bestimmten Integral als Funktion mit unterer Grenze übergeleitet werden. Dadurch, dass nicht, wie beim Weg über die Umkehrung der Differentialrechnung, bei diesem Schritt auf die Stammfunktion zurückgegriffen werden muss, könnte dieser Weg zeitsparender sein. Dafür könnte etwas verloren gehen, dass die Stammfunktion die Umkehrung der Differentiation bedeutet.

3.1 Stammfunktion – Integralfunktion/Flächeninhalt

Der Übergang zur Behandlung des Stoffgebiets "Integralrechnung" wird durch Untersuchungen zur Umkehrung der Differentiation von Funktionen geschaffen. Die Schüler lernen durch inhaltliche Überlegungen Regeln für das Bilden von Stammfunktionen zu gegebenen Funktionen kennen.

Es könnte so angefangen werden, dass die Sätze über Differentiation wiederholt werden. Anschließend kann die Zielstellung des Bildens der Umkehrung der Differentiation folgen. Nach Änderung der Bezeichnungen (die gegebene Funktion wird mit f, die durch Umkehrung der Differentiation gebildete Funktion mit F bezeichnet) wird zu der gegebenen Funktionen f die Funktion F gesucht und überprüft, dass F' = f gilt. Nun kann der Begriff "Stammfunktion" definiert werden.

Durch die Bearbeitung einiger Aufgaben erkennen die Schüler, dass es zu einer Funktion mehrere Stammfunktionen gibt und gelangen schließlich zur Erkenntnis, dass die Existenz einer Stammfunktion der Funktion f die Existenz unendlich vieler Stammfunktionen bedeutet *(Geupel, Hilbert, ... 1988, S. 181ff)*. Wichtig hierbei ist, die geometrische Bedeutung der Integrationskonstanten c zu betrachten: Die Stammfunktion F zu einer gegeben Funktion f zu ermitteln, bedeutet geometrisch, eine Kurve (Integralkurve) zu ermitteln, deren Tangente an einer beliebigen Stelle x_0 ($x_0 \in I$) den Anstieg $f(x_0)$ hat. Hat man bereits eine Integralkurve der Funktion f gezeichnet, erhält man durch Verschieben dieser Kurve parallel zur y-Achse alle anderen Integralkurven, denn alle so entstandenen Kurven haben an ein und derselben Stelle x_0 den gleichen Anstieg ($F'(x_0) = f(x_0)$). Durch jeden Punkt $P(x; y)$ der Ebene mit $x \in I$ geht genau eine Integralkurve der Schar und es genügt einen Punkt $P_0(x_0; y_0)$ auszuwählen, um eine spezielle Kurve zu bestimmen. C ist somit berechenbar aus: $y_0 = F(x_0) + c$ *(Lorenz, Pietzsch, ... 1973, S. 146)*. Den Schülern soll bewusst werden, dass die Umkehrung der Differentiation nicht eindeutig ist, da sich zwei Stammfunktionen der Funktion f durch eine Konstante c unterscheiden, die nun auch geometrisch als Differenz der Funktionswerte $G(x)$, $F(x)$ der Stammfunktionen G und F einer Funktion an der gleichen Stelle x gedeutet werden kann.

Für die Bestimmung von Stammfunktionen ist es erforderlich, Regeln zu erarbeiten. Dabei wird von den Differentiationsregeln: Faktor-, Summen- und Potenzregel ausgegangen (Produkt-, Quotienten-, Kettenregel lassen sich nicht allgemein umkehren). Für die Menge aller Stammfunktionen wird der Begriff unbestimmtes Integral sowie das Symbol $\int f(x)dx$ eingeführt.

Nach diesem Abschnitt folgt nun die Integralrechnung als weiterer wichtiger Anwendungsbereich des Grenzwertbegriffs nach der Differentialrechnung. Zunächst wird das Problem gestellt, dass der Flächeninhalt von nicht allseitig begrenzten Punktmengen berechnet werden soll. Bisher ist den Schülern kein Verfahren zur Berechnung bekannt. Diese Motivation sollte untermauert werden, indem auf physikalische Sachverhalte, die mit der Frage nach dem Flächeninhalt gewisser Punktmengen verbunden ist, hingewiesen wird. Im Physikunterricht wurde durch Auszählen der Flächeneinheiten im F-s-Diagramm die physikalische Arbeit bei veränderlichen Kräften ermittelt, da auch hier noch kein Berechnungsverfahren zur Verfügung stand. Dies ist nun Aufgabe der Integralrechnung.

These: *Durch die Anwendung der Integralrechnung zur Lösung bestimmter physikalischer Probleme gewinnen die Schüler tiefere Einsichten in die Bedeutung der Mathematik für die Praxis und damit in die*

Notwendigkeit, feste und umfassende mathematische Kenntnisse, Fähigkeiten und Fertigkeiten zu erwerben.

Leider konnten wir im Seminar aus Zeitgründen nicht über die Thesen zur Integralrechnung diskutieren.
Ich denke, dass man die Integralrechnung direkt anhand eines physikalischen Problems einführen sollte, da den Schülern somit gleich ein Anwendungsbereich und der Sinn der Integralrechnung bewusst gemacht werden kann.

Für diesen Abschnitt kann auf die Flächeninhaltsberechnung von Vielecks- und Kreisflächen zurückgegriffen werden. Des Weiteren werden Kenntnisse des Grenzwertbegriffs, über Grenzwerte von Zahlenfolgen und über Monotonie und Stetigkeit von Funktionen benötigt. Außerdem werden Fertigkeiten im Rechnen mit reellen Zahlen und Sicherheit im Arbeiten mit dem Summenzeichen vorausgesetzt.
Die gesuchte Fläche A wird mithilfe der Summe der Flächeninhalte der ein- bzw. umbeschriebenen Rechtecke eingeschachtelt. Die Annäherung kann verbessert werden, indem die Anzahl der gleichgroßen Teilintervalle verdoppelt wird. Nun können die Ober- und Untersummen gebildet werden. Anschließend wird die Konvergenz dieser beiden Zahlenfolgen und die Existenz eines gemeinsamen Grenzwertes, der dem Flächeninhalt entspricht, erörtert.
Um die Frage nach dem Flächeninhalt einer bestimmten Punktmenge zu beantworten, wurde von anschaulich-geometrischen Betrachtungen ausgegangen. Nun ist es notwendig, diese Überlegungen zu präzisieren und zu verallgemeinern, um zu einer arithmetischen Beschreibung der Grenzwertprozesse zu gelangen und damit die Anwendungsmöglichkeit zu erweitern und den Lösungsweg zu vereinfachen. Diese arithmetische Betrachtung führt zur Definition des bestimmten Integrals als gemeinsamer Grenzwert der Ober- und Untersummen, was einer reellen Zahl entspricht. Wichtig hierbei ist, zu erarbeiten, dass, wenn die Grenzwerte nicht übereinstimmen, das Integral nicht existiert und dass jede monotone und jede stetige Funktion integrierbar ist. Es gibt jedoch unstetige Funktionen, die integrierbar sind.
Bisher war für die Integrationsgrenzen a und b stets a < b vorausgesetzt. Nun kann untersucht werden, wie sich das Integral bei Vertauschung und bei Übereinstimmung der Integrationsgrenzen verhält. Die Intervalladditivität kann durch geometrische Überlegungen festgestellt werden. Des Weiteren können die Faktor-, Summenregel und der Mittelwertsatz durch Bezugnahme zur Differentialrechnung aufgestellt werden.
Der nächste Abschnitt ist der Hauptsatz der Differential- und Integralrechnung. Hier werden Zusammenhänge zwischen der Integral- und Differentialrechnung, die beide den Grenzwertbegriff als fundamentalen Begriff verwenden, herausgearbeitet. Es sollen Verfahren zur rationellen Berechnung bestimmter Integrale erarbeitet und erste Fertigkeiten im Anwenden dieser Verfahren erworben werden. Die Schüler benötigen neben der Kenntnis der Begriffe "Differenzenquotient", "Differentialquotient", "Ableitung", "Stammfunktion" Fähigkeiten im Ermitteln von Ableitungen bzw. von Stammfunktionen gegebener Funktionen. Durch Bewusstmachung des hohen Aufwandes beim Berechnen bestimmter Integrale durch Zurückgehen auf die Folgen der Ober- und Untersummen soll die Notwendigkeit des Erarbeitens eines rationelleren Verfahrens motiviert werden. Dafür ist wichtig, dass die Kenntnis einer beliebigen Stammfunktion F der Funktion f in [a; b] für die angestrebte rationale Berechnung von $\int_a^b f(x)\,dx$ eine wesentliche Rolle spielt. Es ist

also ein Zusammenhang zwischen bestimmtem Integral $\int_a^b f(x)\,dx$ und Stammfunktion von f zu finden. Dazu wird das Integral als Funktion der oberen Integrationsgrenze eingeführt. Die Schüler sollen erkennen, dass durch $\Phi(x) = \int_a^x f(t)\,dt$ eine Funktion in [a; b] definiert wird und wissen, dass für in [a , b] stetige Funktionen f die Funktion Φ eine Stammfunktion von f in [a; b] ist. Der Beweis sichert, dass jede in [a; b] stetige Funktion dort eine Stammfunktion hat. Da das Aufsuchen einer Stammfunktion als Umkehrung der Differentiation aufgefasst werden kann, ist damit auch eine Beziehung zwischen der Differential- und Integralrechnung hergestellt. Nun ist noch offen, wie mithilfe einer beliebigen Stammfunktion F der Funktion f das bestimmte Integral $\int_a^b f(x)\,dx$ leicht berechnet werden kann. Dazu ist Voraussetzung, dass die Schüler wissen, dass die Funktion Φ mit $\Phi(x) = \int_a^x f(t)\,dt$ eine Stammfunktion von f in [a; b] und dass das bestimmte Integral eine reelle Zahl ist. Die reelle Zahl $\int_a^b f(x)\,dx$ ist der Funktionswert von Φ an der Stelle b, d.h., es ist $\int_a^b f(t)\,dt = \Phi(b)$. Des Weiteren gibt es zu einer Funktion f nicht nur eine, sondern unendlich viele Stammfunktionen, die sich um eine additive Konstante unterscheiden. Ist F eine weitere solche Stammfunktion (neben Φ) von f, so gilt $\Phi(x) = F(x) + c$. Das bestimmte Integral hängt außer von f nur von den Integrationsgrenzen a und b ab.

Die Herleitung erfolgt nun folgendermaßen:

Voraussetzungen: f stetig in [a; b]; F sei eine beliebige Stammfunktion von f in [a; b].

1.   *Φ mit $\Phi(x) = \int_a^x f(t)\,dt$ ist ebenfalls Stammfunktion von f in [a; b]. Dann gibt es ein c mit $\Phi(x) = F(x) + c$ für alle x aus [a; b].*

2.   *$\Phi(b) = \int_a^b f(t)\,dt$*

3.   *$\Phi(b) = F(b) + c$*

4.   *Ermitteln von c:*

      $\Phi(a) = \int_a^a f(t)\,dt = 0$ (Übereinstimmung der Integrationsgrenzen)

      $\Phi(a) = F(a) + c$

      $\quad$ *$F(a) + c = 0$*

      $\qquad$ *$c = -F(a)$*

5. $\Phi(b) = \int\limits_a^b f(t)\,dt = F(b) - F(a)$ *bzw. nach Umbenennung der Variablen:*

$$\int\limits_a^b f(x)\,dx = F(b) - F(a).$$

Das bestimmte Integral $\int\limits_a^b f(x)\,dx$ wird also berechnet, indem zuerst irgendeine Stammfunktion F von f ermittelt wird, die Funktionswerte von F für die Integrationsgrenzen a und b berechnet werden: F(a), F(b) und schließlich die Differenz F(b) – F(a) ermittelt wird. *(Geupel, Hilbert, ... 1988, S. 181ff)*
Wichtig ist, dass die Schüler den Inhalt und die Bedeutung des Hauptsatzes verstanden haben. Es sollte auch darauf aufmerksam gemacht werden, dass durch die Existenz einer Stammfunktion (Umkehrung der Differentiation) zu einer Funktion auf einem Intervall die Integrierbarkeit (Grenzwertbildung) auf diesem Intervall längst nicht gesichert ist. Der Hauptsatz besagt, dass beide Wege der Berechnung eines bestimmten Integrals auf dasselbe herauskommen, wenn f stetig ist. Es sollten auch Beispiele von Funktionen behandelt werden, die differenzierbar, also die Stammfunktionseigenschaft besitzen, aber nicht integrierbar sind als auch solche Funktionen, die integrierbar sind, aber keine Stammfunktion besitzen. Wenn die Voraussetzungen des Hauptsatzes nicht erfüllt sind, besteht kein direkter Zusammenhang zwischen Differenzierbarkeit einer Funktion und Integrierbarkeit ihrer Ableitungsfunktion. *(http://home.t-online.de/home/Arne.Madincea/)*

These: *Es ist fragwürdig, die Integration stetiger Funktionen nur als eine Art Umkehrung der Differentiation zu definieren. (Hischer/Scheid 1995, S.281)*

Wenn man die Integralrechnung auf den Bereich der elementar integrierbaren Funktionen beschränkt, so ist an dieser These nur die Kritik anzubringen, dass zu den Abbildungen " ' " und " $\int$ " die jeweiligen Definitionsbereiche genannt und der Begriff der Umkehrung (Umkehrabbildung, Umkehrrelation?) präzisiert werden müssten. *(Hischer/Scheid 1995, S. 281)*

3.2   Integralfunktion/Flächeninhalt - Stammfunktion

Bei diesem Weg steht das zentrale Problem der Integralrechnung, den Flächeninhalt krummlinig berandeter Flächen bzw. die Summe orientierter Flächeninhalte zu bestimmen, am Anfang. Es wird also mit dem bestimmten Integral begonnen, in derselben Art und Weise wie es in Abschnitt 3.1 beschrieben ist.
Der Begriff der Stammfunktion kommt erst danach. Die Motivation dafür erfolgt darüber, dass das zu erwerbende Wissen und Können eine notwendige Grundlage für das Gewinnen einer rationellen Berechnungsmethode für bestimmte Integrale ist. Es kann gleich mit dem bestimmten Integral als Funktion der oberen Integrationsgrenze begonnen und somit zum Begriff der Stammfunktion geführt

werden. *(Geupel, Hilbert, ... 1988, S. 209)* Im Anschluss folgt der Hauptsatz der Integral- und Differentialrechnung (siehe 3.1).

These: *Die Einführung der Integralrechnung über den Flächeninhalt ist ein künstlicher Weg.*

    Diese These impliziert, dass die Einführung über die Stammfunktion der "natürlichere" Weg sei, was damit begründet werden kann, dass es die Umkehrung der Differentiation ist. Bei der Einführung über den Flächeninhalt kann kein solcher Übergang geschaffen werden, und daher könnte man diesen Weg als "künstlich" bezeichnen.

4 Literaturliste

Geupel, Hilbert, Lorenz, Pietzsch, Schneider: Unterrichtshilfen Mathematik Klasse 11. Berlin: Volk und Wissen 1988.

Hahn/Dzewas: Mathematik. 9. Schuljahr. Braunschweig: Westermann 1991.

Horst Hischer/Harald Scheid: Grundbegriffe der Analysis. Genese und Beispiele aus didaktischer Sicht. Heidelberg – Berlin – Oxford: Spektrum Verlag 1995.

Lorenz, Pietzsch, Lemke, Fanghänel, Kegel, Frank, Stoye: Mathematik. Lehrbuch für Klasse 11. Berlin: Volk und Wissen Volkseigener Verlag 1973.

Meschkowski, H. (Hrsg.): Didaktik der Mathematik II. Stuttgart: Ernst Klett Verlag 1972.

Rahmenplan Mathematik: Sekundarstufe I und Gymnasiale Oberstufe. Berlin.

http://blk.mat.uni-bayreuth.de/~thomas/geosem/zentr/seite2.htm

http://home.t-online.de/home/Arne.Madincea/

http://www.sesama.de/MKI/FM09/Geometrie/ZentrischeStreckungEinfueh.pdf